Мастерская учителя начальных классов

О. В. Узорова, Е. А. Нефедова

КОНТРОЛЬНЫЕ И ПРОВЕРОЧНЫЕ РАБОТЫ ПО МАТЕМАТИКЕ

К учебнику М. И. Моро и др.
«Математика. В 2-х частях. 2 класс»

2 класс

АСТ • Астрель
Москва

УДК 373.167.1:51
ББК 22. 1я71
У34

Узорова, О. В.

У34 Контрольные и проверочные работы по математике: к учебнику М.И. Моро и др. «Математика. В 2-х частях. 2 класс»: 2-й кл./ О.В. Узорова, Е. А. Нефедова. – М.: Астрель: АСТ, 2007. – 126, [2] с. – (Мастерская учителя начальных классов).

ISBN 978-5-17-042995-0 (ООО «Издательство АСТ»)
ISBN 978-5-271-16763-8 (ООО«Издательство Астрель»)

В книгу входят 57 контрольных и проверочных работ по математике. Они составлены известными учителями-практиками высшей категории О.В.Узоровой и Е. А. Нефедовой и предназначены для тех педагогов, которые работают по учебнику М. И. Моро и др. «Математика. В 2-х частях. 2 класс», рекомендованному Министерством образования и науки РФ и включенному в Федеральный перечень учебников.

Книгу можно использовать на уроках математики, а также для индивидуальной работы дома. Она будет полезна и родителям для проверки знаний школьников.

УДК 373.167.1:51
ББК 22. 1я71

Подписано в печать 15.02.2007. Формат 84x108 1/32.
Усл. печ. л. 6,72. Тираж 7000 экз. Заказ № 6075.

Общероссийский классификатор продукции
ОК-005-93, том 2; 953005 – литература учебная

Санитарно-эпидемиологическое заключение
№ 77.99.02.953.Д.003857.05.06 от 05.05.2006.

ISBN 978-5-17-042995-0 (ООО «Издательство АСТ»)
ISBN 978-5-271-16763-8 (ООО «Издательство Астрель»)

Содержание

Часть 1

Часть 2

Часть 1

Числа от 1 до 20 (с. 4–5)

Работа 1

Вариант I

1. Реши задачу.

У Васи 9 тетрадей в клетку,
а в линейку на 5 тетрадей меньше.
Сколько всего тетрадей у Васи?

2. Запиши числа.

1 дес. 4 ед. = …	1 дес. 8 ед. = …
1 дес. 7 ед. = …	2 дес. = …
1 дес. = …	1 дес. 3 ед. = …

3. Вставь пропущенные числа.

$14 - 4 - \ldots = 7$	$12 - 2 - \ldots = 5$
$12 - 2 - \ldots = 6$	$15 - \ldots - 4 = 6$

4. Реши примеры.

$7 + 8$	$12 - 3$	$9 + 2$
$12 - 4$	$9 + 6$	$14 - 8$
$11 - 6$	$5 + 8$	$9 + 5$

Вариант II

1. Реши задачу.

   У бабушки 6 мотков голубого мохера, а розового на 3 мотка больше. Сколько всего мотков мохера у бабушки?

2. Запиши числа.

   1 дес. 5 ед. = … 1 дес. 9 ед. = …

   1 дес. 8 ед. = … 1 дес. = …

   2 дес. = … 1 дес. 4 ед. = …

3. Вставь пропущенные числа.

   11 – 1 … = 5 12 – … – 3 = 7

   16 – … – 3 = 7 17 – 7 – … = 8

4. Реши примеры.

12 – 5	6 + 8	14 – 7
8 + 7	7 + 6	15 – 7
12 – 6	9 + 6	18 – 9

Работа 2

Вариант I

1. Реши примеры.

8 + 3	11 − 7	16 − 9
6 + 5	14 − 9	11 − 8
16 − 7	7 + 8	6 + 5

2. Запиши числа от 17 до 8 в порядке их уменьшения.

3. Сравни.

9 + 4 ... 5 + 9	11 − 2 ... 16 − 8
15 − 9 ... 13 − 6	4 + 7 ... 8 + 8

4. Реши задачу.

У Милы 15 жёлтых листов с клеевым краем и 7 зелёных листов. На сколько больше жёлтых листов с клеевым краем, чем зелёных?

Вариант II

1. Реши примеры.

11 − 2	5 + 9	12 − 3
18 − 9	9 + 2	5 + 7
12 − 7	13 − 4	3 + 9

2. Запиши числа от 17 до 6 в порядке их увеличения.

3. Сравни.

14 − 6 ... 13 − 7	7 + 5 ... 14 − 7
16 − 9 ... 11 − 3	8 + 5 ... 5 + 6

4. Реши задачу.

Купили 12 обложек для тетрадей и 6 обложек для книг. На сколько больше купили обложек для тетрадей, чем для книг?

Работа 3

Вариант I

1. Из чисел 18, 2, 8, 13, 15, 20, 17, 10 выпиши те, которые меньше 16.

2. Реши примеры.

6 + 6	15 − 7	12 − 3
15 − 7	14 − 9	7 + 6
9 + 2	12 − 4	8 + 3

3. Вставь пропущенные числа.

7 + ... = 15	14 − ... = 5
8 + ... = 14	9 + ... = 17
9 + ... = 18	15 − ... = 8
16 − ... = 9	6 + ... = 12
11 − ... = 9	

4. Реши задачу.

В пакете 7 вафель с ореховой начинкой и 6 вафель с шоколадной начинкой. Сколько всего вафель в пакете?

Вариант II

1. Реши примеры.

11 – 7	16 – 9	6 + 5
14 – 9	11 – 8	7 + 7
15 – 9	3 + 9	11 – 9

2. Из чисел 19, 3, 9, 14, 16, 20, 18, 11 выпиши те, которые больше 14.

3. Вставь пропущенные числа.

15 – ... = 6	8 + ... = 15
18 – ... = 9	9 + ... = 17
15 – ... = 7	9 + ... = 18
16 – ... = 8	9 + ... = 12
7 + ... = 14	

4. Реши задачу.

На тарелке лежало 8 круассанов с вишней и 9 круассанов с клубникой. Сколько всего круассанов лежало на тарелке?

Десяток. Счёт десятками до 100 (с. 6)

Работа 4

Вариант I

1. Сравни числа.

60 … 40	30 … 90	40 … 40
100 … 60	90 … 20	50 … 10

2. Реши примеры.

30 + 50	90 – 60	80 – 70
90 – 90	30 – 10	20 + 80
70 – 50	10 + 60	30 – 20

3. Сравни.

40 – 30 … 70 – 30

30 + 50 … 70 + 20

70 – 30 … 50 – 10

10 + 40 … 80 – 40

4. Вставь пропущенные числа.

20 + … = 80	… – 50 = 20
… + 60 = 70	60 – … = 30
… – 50 = 30	… + 80 = 100

Вариант II

1. Сравни числа.

50 ... 60	10 ... 10	40 ... 80
20 ... 80	10 ... 20	70 ... 50

2. Реши примеры.

80 − 50	20 + 80	90 − 40
30 + 20	60 − 10	10 + 40
100 − 70	50 + 30	90 − 10

3. Сравни.

40 − 10 ... 10 + 50

50 + 20 ... 20 + 30

90 − 40 ... 10 + 60

20 + 50 ... 100 − 60

4. Вставь пропущенные числа.

90 − ... = 50	30 + ... = 80
20 + ... = 80	... − 50 = 20
... + 60 = 70	60 − ... = 30

Числа от 11 до 100 (с. 7–9)

Работа 5

Вариант I

1. Вставь нужные числа.

49 50 ... 52 53 ... ... 56 ...

100 ... ... 97 ... 95 94 ... ...

18 19 ... 21 ... 23 24 ... ...

2. Напиши «соседей» для каждого из чисел.

... 89 ...	... 60 ...	... 30 ...
... 34 ...	... 88 ...	... 71 ...

3. Запиши числа.

7 дес. 3 ед. = ...	6 ед. = ...
9 дес. 5 ед. = ...	4 ед. = ...
2 дес. 8 ед. = ...	8 дес. = ...

4. Представь числа в виде суммы разрядных слагаемых.

58 = ... + ...	72 = ... + ...
95 = ... + ...	69 = ... + ...
83 = ... + ...	25 = ... + ...

Вариант II

1. Вставь нужные числа.

… … 78 77 76 … … 73

… 60 … … 63 64 … … 67

49 … … 52 53 … … 56

2. Напиши «соседей» для каждого из чисел.

… 70 …	… 29 …	… 60 …
… 85 …	… 98 …	… 39 …

3. Запиши числа.

6 дес. 2 ед. = …	7 ед. = …
7 дес. 5 ед. = …	2 дес. = …
8 дес. 4 ед. = …	5 ед. = …

4. Представь числа в виде суммы разрядных слагаемых.

37 = … + …	72 = … + …
53 = … + …	41 = … + …
97 = … + …	99 = … + …

Работа 6

Вариант I

1. Продолжи ряд.

24 27 30 … … …

2. Сравни числа.

24 … 26	43 … 30	83 … 48
71 … 84	59 … 60	99 … 9

3. Реши примеры.

91 + 1	95 – 1	32 + 1
70 – 1	72 + 1	67 + 1

4. Реши задачу.

В коробках было 20 пачек яблочного сока, а виноградного на 10 пачек больше. Сколько пачек виноградного сока было в коробках?

Вариант II

1. Продолжи ряд.

82 86 … … …

2. Сравни числа.

83 … 95	60 … 70	27 … 7
43 … 48	65 … 50	25 … 62

3. Реши примеры.

69 + 1	83 + 1	48 – 1
50 – 1	58 – 1	89 + 1

4. Реши задачу.

В магазине было 60 коричневых ежедневников, а синих на 20 ежедневников меньше. Сколько синих ежедневников было в магазине?

Миллиметр. Метр (с. 10–13)

Работа 7

Вариант I

1. Сравни. Поставь знак >, < или =.

1 м ... 10 дм	8 м ... 8 дм
16 мм ... 16 см	7 м ... 10 дм
9 мм ... 9 см	30 см ... 30 мм

2. Переведи.

56 дм = ... м ... дм

7 см = ... мм

29 дм = ... м ... см

30 дм = ... см

93 мм = ... см ... мм

5 м = ... дм

3. Реши примеры.

8 мм + 7 мм	13 м – 6 м
1 м + 2 дм	9 м + 8 м
14 м – 7 м	1 см + 3 мм
1 см – 1 мм	2 м – 1 дм

4. Начерти 2 отрезка. Длина первого отрезка 1 дм 2 см, а второй отрезок на 3 см короче.

Вариант II

1. Сравни. Поставь знак >, < или =.

10 мм ... 1 см

15 см ... 15 м

9 м ... 9 дм

7 мм ... 7 см

8 см ... 100 мм

34 см ... 34 м

2. Переведи.

52 дм = ... м ... см

67 дм = ... м ... дм

35 мм = ... см ... мм

40 мм = ... см

8 м = ... дм

20 дм = ... м

3. Реши примеры.

1 дм – 9 см

15 мм – 8 мм

1 см – 1 мм

1 см – 7 мм

7 м + 6 м

1 м + 4 дм

1 м – 1 см

1см + 8 мм

4. Начерти 2 отрезка. Длина первого отрезка 1 дм 3 см, а второй отрезок на 4 см короче.

Работа 8

Вариант I

1. Сравни. Поставь знак >, < или =.

1 дм ... 10 см

10 дм ... 1 м

10 см ... 1 мм

1 мм ... 1 см

10 дм ... 10 м

10 см ... 100 мм

2. Переведи.

24 мм = ... см ... мм

82 дм = ... м ... см

61 см = ... дм ... см

8 дм 60 мм = ... см

35 дм = ... м ... дм

93 дм = ... м ... см

3. Сравни. Поставь знак >, < или =.

1 м – 5 дм ... 4 дм

6 дм + 4 дм ... 1 м

1 м + 30 см ... 12 дм

4. Реши задачу.

На одной бобине было 20 м шпагата, а на другой 30 м такого же шпагата. Сколько метров шпагата на двух бобинах?

Вариант II

1. Сравни. Поставь знак >, < или =.

10 м ... 10 дм	100 мм ... 1 см
10 см ... 10 дм	10 дм ... 1 см
1 м ... 100 см	1 мм ... 1 м

2. Переведи.

72 см = ... дм ... см

9 дм 70 мм = ... см

46 мм = ... см ... мм

14 дм = ... м ... см

89 дм = ... м ... дм

2 м = ... дм

3. Сравни. Поставь знак >, < или =.

1 м – 3 дм ... 9 дм

3 дм + 7 дм ... 1 м

1 м + 80 см ... 19 дм

4. Реши задачу.

В одном куске 40 м ткани, а в другом 30 м такой же ткани. Сколько метров ткани в двух этих кусках?

Случаи сложения и вычитания, основанные на знании десятичного состава чисел (с. 14–20)

Работа 9

Вариант I

1. Реши примеры.

43 – 40	30 + 6	27 – 7
60 + 7	98 – 90	52 – 50
30 + 8	70 + 5	52 – 40
90 + 6	41 – 40	66 – 60

2. Вставь пропущенные числа.

39 – ... = 9	... – 50 = 4
70 + ... = 77	... – 8 = 30
69 – ... = 9	... – 5 = 90
... + 7 = 37	20 + ... = 26

3. Реши примеры.

82 – 80 + 60	30 + 7 – 1
50 + 9 + 1	55 – 5 + 30
57 – 50 + 20	67 – 60 + 40

4. Начерти 2 отрезка. Длина первого отрезка 1 см 4 мм, а второй отрезок на 4 мм короче.

Вариант II

1. Реши примеры.

20 + 4	75 − 5	43 − 40
95 − 90	60 + 9	75 − 70
47 − 7	69 − 60	80 + 8
20 + 6	31 − 30	42 − 2

2. Вставь пропущенные числа.

39 − ... = 9	... + 8 = 98
83 − ... = 3	32 − ... = 2
... − 90 = 9	40 + ... = 45
... + 9 = 79	82 − ... = 2

3. Реши примеры.

47 − 40 + 8	70 + 7 − 1
24 − 20 + 90	63 − 60 + 9
25 − 5 + 7	98 − 90 + 6

4. Начерти 2 отрезка. Длина первого отрезка 1 см 2 мм, а второй отрезок на 2 мм короче.

Работа 10

Вариант I

1. Реши примеры.

53 – 50	40 + 5	35 – 5
20 + 8	64 – 60	80 + 6
80 + 1	27 – 20	50 + 4
45 – 40	90 + 3	81 – 80

2. Сравни.

37 – 7 ... 89 – 80

52 – 2 ... 87 – 7

98 – 90 ... 66 – 6

3. Вставь пропущенные числа.

68 – ... = 8	89 – ... = 80
... + 9 = 49	... – 40 = 1
... – 4 = 30	63 – ... = 60
20 + ... = 23	... + 5 = 65
... – 60 = 2	

4. Реши задачу.

У Вани 40 р., а у Насти 60 р. На сколько больше денег у Насти, чем у Вани?

Вариант II

1. Реши примеры.

89 – 9	98 – 90	30 + 7
80 + 4	79 – 9	23 – 20
52 – 50	96 – 6	60 + 9
59 – 9	24 – 20	54 – 50

2. Сравни.

37 – 30 ... 72 – 2

20 + 9 ... 20 + 5

34 – 4 ... 51 – 50

3. Вставь пропущенные числа.

59 – ... = 50	... + 4 = 94
47 – ... = 40	30 + ... = 35
... – 5 = 20	38 – ... = 8
58 – ... = 50	... + 3 = 43
55 – ... = 50	

4. Реши задачу.

У Вари 50 р., а у Нади 60 р. На сколько больше денег у Нади, чем у Вари?

Работа 11

Вариант I

1. Реши задачу.

Было 6 больших и 9 маленьких подушек. Сколько всего было подушек?

2. Реши задачу.

Было 90 салфеток. Из них 40 белых салфеток, а остальные кремовые. Сколько было кремовых салфеток?

3. Реши примеры.

74 – 4	69 – 60	70 + 8
60 + 5	37 – 30	46 – 6
97 – 90	60 + 4	90 + 9

4. Напиши «соседей» для каждого из чисел.

... 90 ...	... 59 ...
... 67 ...	... 71 ...

Вариант II

1. Реши задачу.

   Мама купила 5 кг астраханских и 7 кг болгарских помидоров. Сколько всего килограммов помидоров купила мама?

2. Реши задачу.

   В коробке было 97 скрепок. Из них 90 овальных скрепок, а остальные треугольные. Сколько было треугольных скрепок?

3. Реши примеры.

70 + 1	69 – 9	75 – 70
30 + 7	56 – 6	28 – 20
90 + 2	80 + 4	89 – 9

4. Напиши «соседей» для каждого из чисел.

... 80 ...	... 49 ...
... 56 ...	... 31 ...

Работа 12

Вариант I

1. Реши примеры.

65 – 5	73 – 3	46 – 40
45 – 40	92 – 2	78 – 8
30 + 6	44 – 4	61 – 60

2. Вставь нужные числа.

... 85 ... 83 ... ... 80 ... ...

78 ... ... 82 83 86

3. Реши задачу.

Когда из банки достали 10 маринованных огурцов, в ней осталось ещё 9 огурцов. Сколько маринованных огурцов было в банке первоначально?

4. Реши задачу.

На лугу паслось 27 коров. Когда несколько коров увели домой, на лугу осталось 20 коров. Сколько коров увели домой?

Вариант II

1. Реши примеры.

75 – 70	86 – 6	90 + 2
18 – 8	80 + 4	96 – 90
45 – 5	30 + 3	87 – 7

2. Вставь нужные числа.

66 67 ... ... 72 ... 74

64 ... ... 61 ... ... 58 57 ...

3. Реши задачу.

Когда натянули 20 колёсиков серпантина, в упаковках осталось ещё 4 колёсика. Сколько колёсиков серпантина было в упаковках первоначально?

4. Реши задачу.

В коробке было 97 скрепляющих колец. Когда несколько колец взяли, в коробке осталось 7 колец. Сколько скрепляющих колец взяли из коробки?

Работа 13

Вариант I

1. Сравни. Поставь знак >, < или =.

34 мин ... 34 ч   15 ч ... 15 мин

10 мин ... 10 ч   45 мин ... 3 ч

52 мин ... 29 мин   13 мин ... 43 мин

2. Реши примеры.

13 мин − 5 мин   8 ч + 6 ч

16 ч − 7 ч   11 мин − 4 мин

3. Реши задачу.

Мама пошла в магазин в 3 ч, а вернулась домой в 5 ч. Сколько времени мама была в магазине?

4. Реши задачу.

Витя сделал 28 снежинок. Несколько снежинок он прикрепил к окну, и у него осталось 20 снежинок. Сколько снежинок прикрепил Витя к окну?

Вариант II

1. Сравни. Поставь знак >, < или =.

10 мин ... 45 мин
3 ч ... 30 мин
60 мин ... 1 ч
15 ч ... 15 мин
1 мин ... 60 мин
25 ч ... 20 ч

2. Реши примеры.

9 ч + 5 ч
11 ч – 5 ч
17 ч – 9 ч
8 мин + 8 мин

3. Реши задачу.

В гирлянде было 58 лампочек. Когда несколько лампочек перегорело, в гирлянде осталось 40 лампочек. Сколько лампочек перегорело?

4. Реши задачу.

Перемена началась в 10 ч 10 мин и закончилась в 10 ч 20 мин. Сколько времени длилась перемена?

Работа 14

Вариант I

1. Реши выражения.

$10 - 4 + 9 - 10 + 8$

$15 - 10 + 7 + 1 - 3$

2. Реши выражения.

$(3 + 7) - 2$ $(3 + 4) + 1$

$(8 - 2) + 9$ $5 + (10 - 1)$

3. Реши выражения.

$9 - 4 + (3 + 6)$ $(4 + 5) - 3 + 1$

$6 + (9 - 4) - 1$ $(6 + 3) - 2 - 1$

4. Реши выражения.

$(11 - 8) + 8 - (16 - 7)$

$10 + (12 - 8) - (15 - 7)$

Вариант II

1. Реши выражения.

$8 + 7 - 1 - 4 + 30$

$7 + 6 + 1 - 10 + 5$

2. Реши выражения.

$(2 + 6) + 2$

$7 + (2 + 3)$

$(10 - 7) + 8$

$(6 + 2) + 4$

3. Реши выражения.

$12 - (12 - 7) + 10$

$1 + (7 + 6) - 8$

$(10 + 5) - (12 - 5)$

$6 + (14 - 8) - 10$

4. Реши выражения.

$(12 - 5) + 7 - (11 - 2)$

$10 + (11 - 5) - (13 - 5)$

Работа 15

Вариант I

1. Укажи порядок действий в выражениях.

90 – 80 + 7 – (12 – 3) – 2 + 1 + (15 – 6) – 10

(60 – 50) – 3 + (58 – 50) – (18 – 9)

2. Реши выражения.

(8 – 2) + 1 + (15 – 10)

(8 – 6) + (3 + 6) + 1 – 10

10 + (94 – 90) – (11 – 5)

97 – 90 – 3 + (15 – 7) – (11 – 6)

3. Реши задачу.

В коробке лежало 35 шоколадных конфет. После того как Федя съел несколько конфет, в коробке осталось 30 шоколадных конфет. Сколько шоколадных конфет съел Федя?

4. Реши задачу.

Когда из коробки взяли 4 штуки зефира, в ней осталось ещё 20 штук зефира. Сколько зефира было в коробке первоначально?

Вариант II

1. Укажи порядок действий в выражениях.

(6 + 6) – 5 + 1 – (11 – 9) + 10 – (14 – 6)

75 – 70 + (28 – 20) – 6 + (42 – 2)

2. Реши выражения.

(19 – 10) + 6 – (2 + 3)

65 – (14 – 9) – 50 + (13 – 8)

(10 – 5) – 2 + 4 + (6 – 1)

(85 – 80) + (12 – 3) – 10 + 60

3. Реши задачу.

В конверте лежало 29 кружков. Когда учительница достала несколько кружков, в конверте осталось 9 кружков. Сколько кружков достала учительница из конверта?

4. Реши задачу.

Когда Люда прочитала 30 страниц, ей осталось прочитать ещё 3 страницы. Сколько страниц надо было прочитать Люде?

Периметр многоугольника (с. 36–37)

Работа 16

Вариант I

1. Реши задачу.

   Длина прямоугольника 6 см, а ширина 1 см. Чему равен его периметр?

2. Реши задачу.

   Сторона квадрата равна 5 дм. Чему равен его периметр?

3. Реши задачу.

   Найди периметр треугольника со сторонами 2 см, 4 см и 6 см.

4. Переведи.

   8 м 40 см = … дм

   56 см = … дм … см

   9 дм 5 см = … см

   49 дм = … м … дм

Вариант II

1. Реши задачу.

   Длина прямоугольника 7 см, а ширина 3 см. Чему равен его периметр?

2. Реши задачу.

   Сторона квадрата равна 4 дм. Чему равен его периметр?

3. Реши задачу.

   Найди периметр треугольника со сторонами 3 см, 5 см и 7 см

4. Переведи.

   2 м 30 см = … дм

   81 см = … дм … см

   4 дм 9 см = … см

   36 дм = … м … дм

Свойства сложения. Устные вычисления вида 34 + 20, 34 + 2 (с. 38–48)

Работа 17

Вариант I

1. Реши примеры.

36 + 3	44 + 5	39 + 50
73 + 10	94 + 3	31 + 8
72 + 6	19 + 70	37 + 20
37 + 30	73 + 4	94 + 5

2. Сравни.

44 + 50 ... 96 − 1	81 + 8 ... 90 + 1
38 + 50 ... 87 + 1	45 + 3 ... 50 + 1
34 + 5 ... 34 + 50	47 + 20 ... 47 + 2

3. Реши примеры.

41 + 3 + 20 + 2 + 3
27 + 30 + 2 + 20 + 10
52 + 20 + 4 + 3 + 20
63 + 2 + 20 + 10 + 2 + 1

4. Реши задачу.

Алина должна решить 6 примеров на вычитание и 7 примеров на сложение. Она решила 5 примеров. Сколько примеров осталось решить Алисе?

Вариант II

1. Реши примеры.

68 + 20	27 + 60	58 + 1
75 + 10	37 + 30	75 + 4
73 + 20	54 + 30	32 + 7
17 + 60	93 + 4	58 + 20

2. Сравни.

31 + 60 ... 31 + 6	52 + 3 ... 52 + 30
72 + 2 ... 72 + 20	65 + 20 ... 65 + 2
33 + 50 ... 33 + 5	25 + 3 ... 25 + 30

3. Реши примеры.

36 + 10 + 2 + 30 + 20

73 + 2 + 20 + 1 + 3

82 + 2 + 10 + 3 + 1

45 + 10 + 3 + 30 + 10

4. Реши задачу.

На одной кочке сидят 4 лягушки, а на другой – 7 лягушек. Прыгнуло в воду 8 лягушек. Сколько лягушек осталось на этих кочках?

Устные вычисления вида 36 – 2, 36 – 20 (с. 49)

Работа 18

Вариант I

1. Реши примеры.

36 – 3	49 – 5	99 – 50
81 – 10	77 – 40	48 – 6
73 – 40	94 – 3	39 – 8
37 – 20	78 – 4	99 – 5

2. Сравни.

94 – 50 ... 36 + 4	88 – 6 ... 27 + 60
78 – 50 ... 24 + 3	45 – 3 ... 42 + 6
89 – 5 ... 89 – 50	47 – 20 ... 47 – 2

3. Реши примеры.

49 – 3 – 20 – 2 – 3
94 – 30 – 2 – 20 – 10
96 – 10 – 2 – 30 – 20
78 – 2 – 20 – 1 – 3

4. Реши выражения.

(98 – 6) – (60 + 20)
7 + (34 + 6) + 30
76 – 4 – (32 – 30)
85 – (29 – 9) – 4

Вариант II

1. Реши примеры.

68 – 20	87 – 60	58 – 6
75 – 50	67 – 30	75 – 4
37 – 6	97 – 50	96 – 2
73 – 20	54 – 30	39 – 7

2. Сравни.

74 – 2 ... 74 – 20	65 – 20 ... 65 – 2
59 – 3 ... 59 – 30	12 + 7 ... 12 + 70
89 – 6 ... 89 – 60	77 – 50 ... 77 – 5
37 – 2 ... 31 + 4	66 – 2 ... 63 + 1
89 – 10 ... 45 + 30	74 – 3 ... 82 – 1

3. Реши примеры.

88 – 2 – 10 – 3 – 1

95 – 10 – 3 – 30 – 10

57 – 20 – 4 – 3 – 20

69 – 2 – 20 – 10 – 2 – 1

4. Реши выражения.

48 – 30 + (64 + 6)

(12 – 2) + (56 – 6)

(54 – 2) + (28 + 2)

2 + 7 + (68 – 8) – 3

Устные вычисления вида 26 + 4 (с. 50)

Работа 19

Вариант I

1. Реши примеры.

56 + 4	67 + 3	28 + 2
78 + 2	44 + 6	86 + 4
85 + 5	27 + 3	36 + 4

2. Сравни.

53 + 7 ... 54 + 5	61 + 9 ... 34 + 40
87 + 3 ... 49 + 40	92 + 8 ... 93 + 5

3. Реши выражения.

48 + (11 − 9)	(70 + 4) + 6
4 + (46 + 20)	(23 + 3) + 4

4. Реши задачу.

В корзине лежали яблоки. Когда бабушка взяла 10 жёлтых и 4 красных яблока, в корзине осталось ещё 20 яблок. Сколько яблок лежало в корзине первоначально?

Вариант II

1. Реши примеры.

68 + 2	55 + 5	57 + 3
62 + 8	93 + 7	92 + 8
44 + 6	63 + 7	57 + 3

2. Сравни.

64 + 6 ... 65 + 5	72 + 8 ... 44 + 40
98 + 2 ... 58 + 40	32 + 8 ... 23 + 5

3. Реши выражения.

(62 + 8) – 40	47 – (14 + 6)
24 + (17 – 9)	(20 + 5) + 5

4. Реши задачу.

Мама купила глазированные сырки. На завтрак съели 5 шоколадных и 6 сливочных глазированных сырков. Осталось ещё 5 сырков. Сколько глазированных сырков купила мама?

Устные вычисления вида 30 – 7 (с. 51)

Работа 20

Вариант I

1. Реши примеры.

50 – 4	60 – 3	20 – 2
30 – 9	50 – 7	80 – 5
70 – 2	40 – 6	80 – 4
80 – 5	20 – 3	30 – 4

2. Сравни.

90 – 6 ... 82 + 6	50 – 3 ... 44 + 2
76 – 50 ... 70 – 5	54 – 20 ... 50 – 2
40 – 6 ... 40 – 8	20 – 4 ... 20 – 6

3. Реши выражения.

(87 + 3) – 8 – 30 + 20
50 + 3 + (10 – 7) – 4
(20 – 7) + 30 + (35 + 5)
(90 – 3) – 20 – 3 + 4

4. Реши задачу.

На столе лежали тетради. Со стола взяли 9 тетрадей в широкую линейку и 8 тетрадей в узкую линейку. На столе осталось 20 тетрадей. Сколько тетрадей было на столе первоначально?

Вариант II

1. Реши примеры.

60 – 2	50 – 6	50 – 3
40 – 6	60 – 8	50 – 3
60 – 5	50 – 7	80 – 9
70 – 2	50 – 9	30 – 7

2. Сравни.

50 – 7 ... 50 – 5	60 – 9 ... 60 – 4
80 – 3 ... 80 – 4	90 – 8 ... 90 – 5
80 – 5 ... 75 + 5	40 – 2 ... 36 + 2

3. Реши выражения.

(67 – 3) – 4 – (20 – 5)

100 – (47 – 40) – 20 + 2

90 – 5 – (72 – 70) – 3

(67 + 3) – (10 – 4) + 6

4. Реши задачу.

В ящике были клубни георгинов. После того как посадили на клумбе 8 клубней белых и 6 клубней сиреневых георгинов, в ящике осталось ещё 40 клубней. Сколько клубней георгинов было в ящике первоначально?

Устные вычисления вида 60 – 24 (с. 52)

Работа 21

Вариант I

1. Реши примеры.

100 – 36	70 – 54	90 – 59
80 – 11	90 – 42	100 – 52
70 – 13	100 – 39	80 – 18
90 – 67	100 – 78	60 – 27

2. Вставь пропущенные числа.

60 – ... = 39	90 – ... = 57
... + 48 = 90	23 + ... = 70
... + 34 = 50	60 – ... = 27

3. Сравни.

30 + 44 ... 90 – 17

30 + 18 ... 60 – 17

100 – 58 ... 40 + 19

10 + 35 ... 80 – 39

4. Реши задачу.

В ящике было 20 ластиков для карандаша и 10 ластиков для чернил. Взяли 13 ластиков. Сколько ластиков осталось в ящике?

Вариант II

1. Реши примеры.

70 – 13	100 – 39	80 – 18
100 – 62	90 – 57	60 – 29
90 – 63	50 – 36	70 – 31
40 – 26	60 – 38	50 – 13

2. Вставь пропущенные числа.

100 – ... = 67	49 + ... = 90
50 – ... = 28	... + 35 = 80
26 + ... = 70	100 – ... = 57

3. Сравни.

20 + 37 ... 80 – 26

60 – 22 ... 40 + 18

30 + 18 ... 60 – 21

40 + 37 ... 100 – 36

4. Реши задачу.

Было 40 синих и 20 зелёных ярлычков для ключей. Использовали 18 ярлычков. Сколько ярлычков для ключей осталось?

Работа 22

Вариант I

1. Реши задачу.

   В корзине 25 жёлтых и 10 зелёных сыроежек. Сколько всего сыроежек в корзине?

2. Реши задачу.

   Ольга нарисовала 11 кружков, а Инга нарисовала на 2 кружка меньше. Сколько всего кружков нарисовали девочки?

3. Реши задачу.

   У Лёвы 60 марок, у Юры 35 марок, а у Саши марок столько, сколько у Лёвы и Юры вместе. Сколько марок у Саши?

4. Реши примеры.

$70 - 9$	$82 - 70$	$73 + 7$
$52 - 40$	$59 + 10$	$41 + 40$
$89 - 2$	$38 - 20$	$26 + 4$
$80 - 4$	$62 - 30$	$92 + 6$

Вариант II

1. Реши задачу.

   Было 12 строительных и 10 садовых тачек. Сколько всего было тачек?

2. Реши задачу.

   В мойке было 7 столовых ложек, а чайных на 5 ложек больше. Сколько всего ложек в мойке?

3. Реши задачу.

   В магазине продавалось 35 безе и 60 эклеров, а песочных пирожных столько, сколько безе и эклеров вместе. Сколько песочных пирожных продавалось в магазине?

4. Реши примеры.

75 – 20	89 – 60	90 – 5
54 + 20	78 + 2	24 + 50
60 – 4	25 + 60	27 – 3
92 – 80	56 + 4	39 + 50

Устные вычисления вида 26 + 7 (с. 56)

Работа 23

Вариант I

1. Реши примеры.

75 + 6	58 + 6	77 + 8
84 + 7	45 + 6	43 + 9
28 + 3	77 + 9	57 + 6
52 + 9	63 + 8	56 + 9

2. Сравни.

33 + 9 ... 50 − 8	74 + 6 ... 80 − 6
100 − 7 ... 83 + 7	60 − 5 ... 57 + 6

3. Вставь пропущенные числа.

... − 7 = 46	... − 6 = 23
... − 8 = 34	... − 6 = 87
... − 8 = 48	... − 5 = 76

4. Реши задачу.

У Димы было 70 марок. Он подарил 5 марок Ксюше и 3 марки Данику. Сколько марок осталось у Димы?

Вариант II

1. Реши примеры.

$23 + 9$	$89 + 2$	$34 + 7$
$35 + 8$	$78 + 8$	$46 + 5$
$77 + 6$	$57 + 5$	$19 + 8$
$68 + 6$	$37 + 8$	$47 + 7$

2. Сравни.

$78 + 3$ ... $90 - 4$	$70 - 9$ ... $58 + 4$
$40 - 3$ ... $27 + 6$	$44 + 9$ ... $60 - 6$

3. Вставь пропущенные числа.

... $- 3 = 48$	... $- 9 = 78$
... $- 8 = 57$	... $- 8 = 33$
... $- 6 = 25$	... $- 9 = 77$

4. Реши задачу.

В гараже стояло 90 машин. Уехало 24 грузовых и 40 легковых машин. Сколько машин осталось в гараже?

Устные вычисления вида 35 – 7 (с. 57)

Работа 24

Вариант I

1. Реши примеры.

52 – 9	24 – 9	81 – 6
53 – 5	65 – 6	55 – 7
32 – 4	86 – 7	45 – 8
75 – 6	56 – 8	77 – 8

2. Реши выражения.

83 – 6 + 9 – (40 – 10)

75 – (30 + 20) + 9 – 10

3. Сравни.

42 – 5 ... 25 + 9	41 – 9 ... 24 + 7
64 – 7 ... 60 – 6	85 – 9 ... 64 + 7

4. Вставь пропущенные числа.

8 + ... = 33	... + 6 = 25
... + 9 = 77	... + 6 = 24
9 + ... = 47	4 + ... = 82

Вариант II

1. Реши примеры.

$84 - 7$	$45 - 9$	$43 - 9$
$23 - 8$	$77 - 9$	$52 - 6$
$62 - 7$	$73 - 5$	$23 - 9$
$81 - 7$	$31 - 9$	$44 - 8$

2. Реши выражения.

$38 + 5 - (12 - 6) - 4$

$(95 - 8) - 60 - (11 - 5)$

3. Сравни.

$33 + 9 \ldots 52 - 8$ $\quad$ $74 - 6 \ldots 58 + 6$

$65 + 7 \ldots 83 - 7$ $\quad$ $63 - 5 \ldots 47 + 7$

4. Вставь пропущенные числа.

$\ldots + 7 = 46$ $\quad$ $\ldots + 6 = 93$

$\ldots + 8 = 34$ $\quad$ $9 + \ldots = 83$

$9 + \ldots = 28$ $\quad$ $7 + \ldots = 76$

Повторение пройденного (с. 58–67)

Работа 25

Вариант I

1. Реши примеры.

$82 + 9$	$33 - 6$	$90 - 48$
$70 - 32$	$80 - 27$	$13 + 60$
$65 + 7$	$90 - 8$	$62 - 8$

2. Сравни.

$84 - 8 \ldots 90 - 17$	$69 - 20 \ldots 34 + 7$
$56 + 30 \ldots 85 - 2$	$72 + 2 \ldots 100 - 26$

3. Реши задачу.

   У Лиды было 40 конфет. Она отдала 9 конфет сестре, а потом 6 конфет брату. Сколько конфет осталось у Лиды?

4. Начерти прямоугольник со сторонами 2 см и 5 см. Найди периметр этого прямоугольника.

Вариант II

1. Реши примеры.

77 – 9	50 – 32	43 + 8
50 – 12	100 – 47	85 – 6
70 + 12	43 + 30	60 + 32

2. Сравни.

58 – 10 ... 39 + 9

80 – 46 ... 52 – 7

90 – 14 ... 35 + 60

76 – 2 ... 95 – 20

3. Реши задачу.

У Артёма было 30 мини-пряников. Он отдал 5 мини-пряников Андрею и 6 мини-пряников Лёве. Сколько мини-пряников осталось у Артёма?

4. Начерти прямоугольник со сторонами 1 см и 4 см. Найди периметр этого прямоугольника.

Работа 26

Вариант I

1. Реши примеры.

63 – 40	45 + 30	77 + 7
77 – 9	67 + 3	100 – 64
74 + 9	38 – 9	66 + 30
70 – 26	64 + 3	38 + 40

2. Реши выражения.

(64 + 8) – (13 – 6) + 10

100 – 56 + 2 + (90 – 80)

3. Вставь пропущенные числа.

... – 4 = 42	... + 6 = 70
... – 60 = 34	... + 4 = 59
... + 8 = 30	... – 10 = 15

4. Реши задачу.

Купили 12 м голубой ленты, розовой ленты на 5 м меньше, чем голубой, а белой ленты столько, сколько голубой и розовой лент вместе. Сколько метров белой ленты купили?

Вариант II

1. Реши примеры.

48 – 6	80 – 47	25 + 9
21 + 70	40 – 13	45 – 20
78 + 5	62 + 2	80 – 37
89 – 60	43 + 9	62 + 20

2. Реши выражения.

65 + (12 – 5) – 10 + 6

(64 + 6) – (28 + 4) + 6

3. Вставь пропущенные числа.

... + 2 = 77	... + 10 = 45
... – 7 = 63	... – 3 = 54
... + 6 = 70	... + 2 = 98

4. Реши задачу.

Ася выстирала 5 носовых платков, Женя – на 2 носовых платка больше, чем Ася, а Кира выстирала столько, сколько Ася и Женя вместе. Сколько носовых платков выстирала Кира?

Уравнения и буквенные выражения (с. 68–71)

Работа 27

Вариант I

1. Вставь пропущенные числа.

$\ldots + 3 = 47$ $\quad$ $30 + \ldots = 38$

$\ldots - 70 = 27$ $\quad$ $\ldots + 20 = 54$

$\ldots - 7 = 47$ $\quad$ $70 - \ldots = 27$

2. Реши буквенные выражения.

92 – в, где

в = 10, в = 20, в = 40,
в = 30, в = 50

3. Реши уравнения.

$5 + x = 54$ $\quad$ $x + 6 = 71$

$x - 16 = 40$ $\quad$ $100 - x = 47$

$x + 7 = 81$ $\quad$ $x - 9 = 65$

4. Составь уравнения на нахождение неизвестного вычитаемого, используя числа:

b, 70, 13 $\quad$ 80, x, 36 $\quad$ z, 24, 100

Вариант II

1. Вставь пропущенные числа.

2 + ... = 85	25 – ... = 4
... + 40 = 96	... – 6 = 68
90 – ... = 68	... – 54 = 20

2. Реши буквенные выражения.

z + 19, где

z = 20, z = 50, z = 40,
z = 30, z = 60

3. Реши уравнения.

60 – x = 14	x + 7 = 82
90 – x = 32	x – 20 = 78
80 – x = 38	9 + x = 42

4. Составь уравнения на нахождение неизвестного вычитаемого, используя числа:

y, 60, 24   50 , z, 12   65, a, 90

Работа 28

Вариант I

1. Реши уравнения.

$x + 7 = 31$ $x - 2 = 38$

$40 - x = 14$ $36 + x = 50$

$80 - x = 15$ $x - 14 = 70$

2. Составь по 4 уравнения, используя предложенные числа. Реши их.

y, 60, 15 50 , z, 13 60, a, 80

3. Реши уравнения.

$(20 + 3) - x = 7$

$x + (2 + 3) = 11$

$x - (2 + 3) = 11$

4. Реши буквенные выражения.

36 + в, где

в = 20, в = 50, в = 40,

в = 30, в = 60

Вариант II

1. Реши уравнения.

$50 - x = 28$

$x - 4 = 26$

$8 + x = 82$

$7 + x = 84$

$x + 4 = 51$

$60 - x = 27$

2. Составь по 4 уравнения, используя предложенные числа. Реши их.

b, 80, 50   100, x, 65   z, 40, 70

3. Реши уравнения.

$(4 - 2) + x = 10$

$x - (9 - 7) = 12$

$(40 - 20) - x = 10$

4. Реши буквенные выражения.

$a - 28$, где

$a = 90$, $a = 50$, $a = 40$,

$a = 80$, $a = 60$

Повторение пройденного (с. 72–78)

Работа 29

Вариант I

1. Реши примеры.

50 – 13	65 + 8	35 + 7
60 + 24	90 – 77	92 – 7
50 – 13	68 + 8	58 + 30

2. Сравни.

78 + 20 ... 100 – 7

32 + 7 ... 25 + 50

58 + 2 ... 70 – 4

67 – 4 ... 95 – 30

3. Реши задачу.

На тарелке лежало 30 пирожных. Инна съела 4 пирожных, а Марина – 5 пирожных. Сколько пирожных осталось на тарелке?

4. Реши уравнения.

90 – x = 43

x – 5 = 80

x + 2 = 98

Вариант II

1. Реши примеры.

62 + 4	90 – 77	66 – 7
70 – 37	85 – 8	40 + 54
30 – 11	71 + 3	27 + 70
100 – 59	93 – 6	90 – 78

2. Сравни.

78 – 20 ... 87 – 30

32 + 7 ... 44 – 3

50 – 2 ... 78 – 30

90 – 9 ... 56 + 30

3. Реши задачу.

На аэродроме стояло 60 вертолётов. Улетело 23 вертолёта утром и 9 вертолётов днём. Сколько вертолётов осталось?

4. Реши уравнения.

x – 9 = 46

7 + x = 10

80 – x = 16

Работа 30

Вариант I

1. Реши примеры.

$90 - 39$	$53 + 9$	$48 - 20$
$34 + 5$	$63 + 20$	$54 - 30$
$76 - 4$	$38 + 50$	$64 + 8$

2. Реши выражения.

$87 - 5 + (16 - 8) - 45$

$(28 + 9) + 10 + 3 - (7 + 5)$

3. Начерти квадрат со стороной 1 см. Найди периметр этого квадрата.

4. Реши уравнения.

$x - (5 - 1) = 13$

$(40 + 20) - x = 14$

Вариант II

1. Реши примеры.

25 – 3	60 – 32	38 – 7
50 – 38	68 + 10	34 + 9
45 – 3	100 – 64	65 + 20

2. Реши выражения.

$80 - 12 + 2 - (15 + 7)$

$(15 + 7) + 3 + (35 + 5)$

3. Начерти квадрат со стороной 2 см. Найди периметр этого квадрата.

4. Реши уравнения.

$x - (4 + 2) = 11$

$(50 - 7) - x = 9$

Часть 2

Случаи сложения вида 45 + 23 (с. 4)

Работа 31

Вариант I

1. Реши примеры.

36 + 13	42 + 25	42 + 53
61 + 26	77 + 12	48 + 21
73 + 16	14 + 35	31 + 68
37 + 32	73 + 24	74 + 25

2. Сравни.

31 + 63 ... 31 + 36
52 + 34 ... 52 + 43
72 + 12 ... 72 + 21
65 + 23 ... 65 + 32
55 + 32 ... 55 + 23
12 + 76 ... 12 + 67

3. Реши выражение.

50 – 30 + 5 – (22 – 8)

4. Реши задачу.

На стоянке было 6 грузовых и 40 легковых машин. Приехало ещё 10 легковых машин. Сколько машин стало на стоянке?

Вариант II

1. Реши примеры.

68 + 21	27 + 62	58 + 41
75 + 14	37 + 31	55 + 24
32 + 56	27 + 52	86 + 12
22 + 67	46 + 31	53 + 35

2. Сравни.

24 + 32 ... 36 + 42

21 + 36 ... 27 + 61

35 + 54 ... 24 + 63

45 + 13 ... 42 + 26

34 + 15 ... 34 + 51

47 + 21 ... 47 + 12

3. Реши выражение.

(62 + 27) – (11 – 9) – 60

4. Реши задачу.

В саду росло 10 кустов красной малины и 2 куста жёлтой малины. Тётя Дина посадила ещё 4 куста жёлтой малины. Сколько кустов малины стало в саду?

Случаи вычитания вида 45 – 12 (с. 5–9)

Работа 32

Вариант I

1. Реши примеры.

36 – 13	48 – 25	97 – 53
69 – 26	77 – 12	48 – 21
79 – 16	98 – 35	89 – 68
68 – 24	97 – 76	37 – 21

2. Сравни.

84 – 32 ... 96 – 42	79 – 36 ... 87 – 61
85 – 54 ... 94 – 63	45 – 13 ... 48 – 26
36 – 15 ... 34 – 51	47 – 21 ... 47 – 12

3. Реши выражения.

58 – 31 + (24 + 6) – (12 – 9)

(54 – 12) + (28 + 7) – 2 + 14

4. Реши примеры.

1 м + 60 см	1 м + 5 дм
34 мм + 15 мм	53 см + 42 см
1 м – 34 см	1 м – 46 см

Вариант II

1. Реши примеры.

98 – 56	87 – 52	86 – 12
79 – 26	54 – 33	67 – 43
97 – 62	89 – 54	58 – 21
78 – 51	79 – 15	85 – 34

2 Сравни.

31 – 63 ... 31 – 36

52 – 34 ... 52 – 43

41 – 45 ... 41 – 54

67 – 21 ... 68 – 12

55 – 32 ... 55 – 23

89 – 76 ... 89 – 67

3. Реши выражения.

(21 + 13) + 8 + (31 + 11) – 30

(98 – 41) – (43 – 12) + (65 – 34) + 3

4 Реши примеры.

24 мм + 35 мм	43 м – 7 м
1 м – 34 см	1 м – 29 см
1 м – 83 см	25 дм + 14 дм

Работа 33

Вариант I

1. Реши примеры.

82 + 14	39 – 16	23 + 76
65 + 24	89 – 27	62 – 31
57 – 35	26 + 42	98 – 32
34 + 52	73 + 16	85 – 64

2. Сравни.

78 – 25 ... 25 + 13

49 – 13 ... 34 + 45

64 – 41 ... 39 – 16

79 – 25 ... 62 + 27

58 + 21 ... 74 – 41

67 – 24 ... 95 – 73

3. Реши уравнения.

98 – x = 76

13 + x = 95

x + 42 = 76

4. Сравни. Поставь знак >, < или =.

5 см – 26 мм ... 5 мм

71 см + 13 см ... 10 дм

6 см – 29 мм ... 9 см

27 мм + 62 мм ... 9 см

Вариант II

1. Реши примеры.

72 + 26	45 – 23	38 + 21
87 – 52	52 + 45	64 – 52
36 – 15	87 + 12	44 + 52
65 – 34	56 + 42	37 + 62

2. Сравни.

39 – 21 ... 25 + 13
75 – 21 ... 94 – 42
48 – 25 ... 57 – 16
59 – 17 ... 28 + 21
57 – 32 ... 78 – 36
97 – 16 ... 56 + 32

3. Реши уравнения.

x + 23 = 77
x + 13 = 45
x – 21 = 68

4. Сравни. Поставь знак >, < или =.

18 м + 71 м ... 10 дм
43 мм – 21 мм ... 1 дм
1 см + 27 мм ... 4 см
2 м – 15 дм ... 1 м

Случаи сложения вида 37 + 48 (с. 10)

Работа 34

Вариант I

1. Реши примеры.

36 + 16	47 + 25	19 + 53
68 + 26	77 + 18	48 + 24
75 + 16	19 + 35	27 + 68
37 + 39	68 + 24	69 + 25

2. Сравни.

24 + 38 ... 36 + 46
25 + 36 ... 27 + 64
35 + 59 ... 24 + 68
45 + 17 ... 42 + 29
39 + 15 ... 34 + 59
47 + 27 ... 49 + 12

3. Реши уравнения.

x – 27 = 66　　　x – 39 = 42
x – 47 = 38

4. Реши задачу.

В гараже стояло 34 мусоровоза, а самосвалов на 8 машин больше. Сколько всего грузовых машин стояло в гараже?

Вариант II

1. Реши примеры.

58 + 23   27 + 65   48 + 46
75 + 19   37 + 38   55 + 27
37 + 56   27 + 54   76 + 15
27 + 67   46 + 36   58 + 35

2. Сравни.

38 + 63 ... 39 + 36
59 + 34 ... 52 + 49
47 + 45 ... 48 + 54
67 + 28 ... 68 + 19
24 + 59 ... 24 + 29
54 + 27 ... 59 + 32

3. Реши уравнения.

x – 48 = 26
x – 25 = 47
x – 59 = 32

4. Реши задачу.

В ателье подшили 16 юбок, а брюк – на 10 вещей больше. Сколько всего вещей подшили в ателье?

Случаи сложения вида 37 + 53 (с. 11)

Работа 35

Вариант I

1. Реши примеры.

36 + 14	42 + 28	47 + 53
61 + 29	77 + 13	48 + 22
73 + 17	14 + 36	31 + 69
72 + 28	16 + 74	37 + 23

2. Сравни.

24 + 36 ... 36 + 44
21 + 39 ... 27 + 63
38 + 58 ... 59 + 37
25 + 66 ... 69 + 19
12 + 39 ... 33 + 18

3. Реши выражения.

(63 + 27) – (21 + 19) – 10
56 – 32 + 5 + (42 + 18)

4. Реши задачу.

На одной полке лежало 63 журнала, а на другой – 30 журналов. Когда несколько журналов взяли, на полках осталось 20 журналов. Сколько журналов взяли с полок?

Вариант II

1. Реши примеры.

33 + 57	48 + 42	82 + 18
32 + 58	27 + 53	86 + 14
73 + 27	54 + 36	32 + 48
17 + 63	23 + 57	58 + 22

2. Сравни.

35 + 55 ... 24 + 66

45 + 15 ... 42 + 28

37 + 23 ... 31 + 49

66 + 24 ... 63 + 17

25 + 48 ... 43 + 39

3. Реши выражения.

(27 + 23) + (31 + 29) – 40

(69 + 27) – (18 – 9) – 30

4. Реши задачу.

Купили 15 кг жёлтой и 20 кг красной черешни. Когда несколько килограммов черешни использовали, осталось 4 кг. Сколько килограммов черешни использовали?

Работа 36

Вариант I

1. Реши примеры.

69 – 14	45 + 32	71 + 17
77 – 25	57 + 38	100 – 49
74 + 18	38 – 17	26 + 36
90 – 36	64 + 19	38 + 47

2. Реши уравнения.

$x - 28 = 24$

$48 - x = 26$

$18 + x = 49$

3. Реши задачу.

Купили 15 брусочков плавленого сыра с лососем и 17 брусочков сыра с грибами. Сколько всего брусочков плавленого сыра купили?

4. Реши задачу.

Отправили 44 поздравительные телеграммы, а простых на 4 меньше. Сколько всего телеграмм отправили?

Вариант II

1. Реши примеры.

48 – 26	80 – 47	25 + 18
29 + 39	96 – 23	78 – 17
100 – 74	38 + 28	23 + 12
36 + 36	88 – 24	70 – 15

2. Реши уравнения.

16 + x = 67

76 – x = 15

x – 39 = 29

3. Реши задачу.

На полке стояло 26 баночек с ванильным муссом и 29 баночек с шоколадным муссом. Сколько всего баночек с муссом стояло на полке?

4. Реши задачу.

В палатке 28 ящиков яблок, апельсинов на 16 ящиков больше, чем яблок. Сколько всего ящиков яблок и апельсинов в палатке?

Работа 37

Вариант I

1. Реши примеры.

43 + 49	38 + 34	26 + 28
17 + 17	59 + 18	58 + 27
59 + 33	66 + 16	67 + 29
17 + 19	28 + 24	35 + 39

2. Реши задачу.

В коробке лежало 20 кусков мела. Учительница положила туда 15 кусков белого мела и 16 кусков зелёного мела. Сколько кусков мела стало в коробке?

3. Реши задачу.

У мамы 26 пакетиков семян ранних огурцов и 19 пакетиков семян поздних огурцов. Мама посадила семена из 7 пакетиков. Сколько пакетиков с семенами огурцов осталось у мамы?

4. Реши буквенные выражения.

в − 9 в + 38, где

в = 45 в = 27 в = 56 в = 38

Вариант II

1. Реши примеры.

46 + 48	19 + 29	15 + 36
18 + 43	19 + 54	17 + 67
17 + 74	29 + 32	28 + 48
29 + 53	35 + 48	36 + 56

2. Реши задачу.

В коробке лежало 40 пуговиц. Портниха положила туда 9 синих пуговиц и 16 чёрных пуговиц. Сколько пуговиц стало в коробке?

3. Реши задачу.

В стаканчике было 15 розовых трубочек для коктейля и 28 сиреневых трубочек. Из стаканчика взяли 16 трубочек. Сколько трубочек для коктейля осталось в стаканчике?

4. Реши буквенные выражения.

$c - 8$ $\quad c + 29$, где

$c = 56$ $\quad c = 38$ $\quad c = 57$ $\quad c = 49$

Работа 38

Вариант I

1. Реши примеры.

35 – 16	43 – 25	91 – 53
66 – 29	73 – 18	44 – 28
71 – 24	93 – 59	84 – 35
96 – 48	75 – 47	63 – 36

2. Сравни.

65 – 26 ... 94 – 67
35 – 27 ... 43 – 34
85 – 49 ... 97 – 58
85 – 38 ... 72 – 49

3. Реши выражение.

(73 – 26) + 19 + 18

4. Реши задачу.

Купили 15 глазированных сырков с кокосом и 37 глазированных сырков с вареньем, а со сгущёнкой на 40 сырков меньше, чем глазированных сырков с кокосом и вареньем вместе. Сколько глазированных сырков со сгущёнкой купили?

Вариант II

1. Реши примеры.

52 – 18	84 – 25	92 – 54
65 – 27	77 – 18	94 – 68
35 – 16	46 – 18	57 – 19
62 – 34	73 – 19	81 – 13

2. Сравни.

96 – 57 ... 78 – 49
73 – 15 ... 72 – 19
53 – 29 ... 65 – 28
95 – 37 ... 83 – 58

3. Реши выражение.

45 – 29 + 8 + (35 – 16)

4. Реши задачу.

Было 25 жёлтых и 37 зелёных листов бумаги, а голубых на 12 листов меньше, чем жёлтых и зелёных листов бумаги вместе. Сколько было голубых листов бумаги?

Работа 39

Вариант I

1. Реши примеры.

84 – 26	85 – 57	75 – 18
81 – 23	72 – 35	88 – 49
75 – 19	87 – 38	75 – 27
92 – 26	54 – 38	73 – 47

2. Реши уравнения.

$x + 48 = 86$ $\quad$ $93 - x = 47$

$x + 59 = 92$

3. Реши выражения.

72 – 24 + 15	51 – 12 + 28
94 – 63 + 35	63 – 45 + 59
85 – 37 + 19	82 – 46 + 27

4. Реши задачу.

В магазин привезли 67 пар тапок и 58 пар шлёпанцев. На сколько больше привезли пар тапок, чем пар шлёпанцев?

Вариант II

1. Реши примеры.

71 – 66	93 – 58	58 – 29
82 – 54	73 – 19	94 – 38
46 – 38	86 – 18	96 – 29
83 – 24	61 – 26	74 – 27

2. Реши уравнения.

47 – x = 18

x + 39 = 65

94 – x = 27

3. Реши выражения.

86 – 49 + 18	94 – 45 + 19
92 – 58 + 16	64 – 26 + 37
72 – 47 + 17	44 – 26 + 48

4. Реши задачу.

Было 25 плиток горького шоколада и 18 плиток молочного шоколада. На сколько больше было плиток горького шоколада, чем молочного?

Работа 40

Вариант I

1. Реши примеры.

$12 + 39$	$83 - 28$	$47 + 25$
$94 - 57$	$25 + 38$	$63 - 19$
$71 - 26$	$96 - 48$	$34 + 49$
$28 + 28$	$64 - 58$	$56 - 27$

2. Реши выражения.

$27 + 25 - 14$	$34 + 37 - 26$
$16 + 19 + 28$	$49 + 45 - 37$

3. Реши уравнения.

$x - 38 = 72$

$23 + x = 71$

$x - 49 = 74$

4. Реши выражение.

$38 + (45 - 19) + 17$

Вариант II

1. Реши примеры.

29 + 35	28 + 43	25 + 56
37 + 19	46 – 18	41 – 22
38 + 28	38 + 34	52 – 39
48 + 43	39 + 32	85 – 37

2. Реши выражения.

22 + 29 – 14	46 + 18 + 19
92 – 53 + 25	24 + 27 – 19

3. Реши уравнения.

91 – x = 36

54 + x = 81

x + 45 = 72

4. Реши выражение.

(35 + 55) – 36 – (17 + 18)

Работа 41

Вариант I

1. Реши примеры.

32 – 24	27 – 18	49 + 24
93 – 17	49 + 34	45 + 47
87 – 49	27 + 19	28 + 24
25 + 36	95 – 18	27 + 19

2. Сравни.

72 – 58 ... 84 – 69

27 + 65 ... 73 + 18

95 – 77 ... 87 – 18

18 + 16 ... 61 – 36

3. Реши выражение.

(93 – 27) – (38 – 19) – 28

4. Реши задачу.

В морозильнике лежало 48 клубничных рожков и 45 банановых рожков. Когда продали несколько рожков, в морозильнике осталось ещё 19 рожков. Сколько рожков продали?

Вариант II

1. Реши примеры.

93 – 24	26 + 49	29 + 53
71 – 14	29 + 13	73 – 26
66 – 29	27 + 27	27 + 35
72 – 38	23 + 48	74 – 49

2. Сравни.

65 – 17 ... 77 – 58

28 + 56 ... 57 + 17

27 + 19 ... 38 + 24

37 – 19 ... 41 – 24

3. Реши выражение.

(36 + 27) – 9 + 28

4. Реши задачу.

Было 45 синих скрепок и 48 чёрных скрепок. Когда несколько скрепок использовали, осталось ещё 26 скрепок. Сколько скрепок использовали?

Работа 41

Вариант I

1. Реши примеры.

33 + 19	94 − 16	35 + 29
98 − 29	91 − 37	36 + 38
39 + 49	81 − 13	35 + 56
93 − 44	48 + 13	83 − 29

2. Сравни.

71 − 19 ... 82 − 44

57 + 24 ... 17 + 67

94 − 77 ... 85 − 36

13 + 78 ... 59 + 32

92 − 39 ... 83 − 25

18 + 56 ... 68 + 14

3. Реши выражения.

72 − 25 − 19 + 23

82 − 47 − 18 + 54

91 − 79 + 63 − 48

17 + 67 − 46 + 78

4. Реши задачу.

Чему равен периметр треугольника со сторонами 8 см, 3 см, 6 см?

Вариант II

1. Реши примеры.

98 – 29	92 – 36	58 + 15
82 – 14	74 – 68	16 + 17
78 – 59	12 + 29	81 – 27
14 + 39	85 – 37	19 + 49

2. Сравни.

53 – 17 ... 92 – 66

49 + 24 ... 58 + 17

69 + 25 ... 49 + 33

53 – 36 ... 66 – 49

95 – 59 ... 84 – 35

47 + 37 ... 46 + 49

3. Реши примеры.

55 + 26 – 21 – 13

95 – 38 – 67 + 37

93 – 45 + 28 + 16

85 – 58 + 75 – 18

4. Реши задачу.

Чему равен периметр треугольника со сторонами 6 см, 2 см, 4 см?

Работа 43

Вариант I

1. Реши примеры.

74 – 36	61 – 13	15 + 27
18 + 49	88 – 79	16 + 57
16 + 65	72 – 47	73 – 54
15 + 46	83 – 58	62 – 17

2. Реши задачу.

Ариша сделала 24 открытки к празднику, а Вася – на 4 открытки меньше. Сколько всего открыток к празднику сделали дети?

3. Реши задачу.

На тарелке лежало 24 зелёных яблока и 9 красных яблок. На сколько больше на тарелке зелёных яблок, чем красных?

4. Переведи.

7 см 6 мм = ... мм

53 мм = ... см ... мм

10 мм = ... см

6 дм = ... см

Вариант II

1. Реши примеры.

14 + 77	65 – 27	62 – 33
26 + 16	51 – 15	63 – 45
96 – 89	17 + 38	83 – 65
16 + 27	81 – 44	14 + 68

2. Реши задачу.

Мама купила 44 штуки юбилейного печенья, а земляничного – на 8 штук меньше. Сколько всего штук печенья купила мама?

3. Реши задачу.

С овощной базы увезли 45 т картофеля и 19 т капусты. На сколько больше увезли с овощной базы картофеля, чем капусты?

4. Переведи.

9 см 2 мм = ... мм

46 мм = ... см ... мм

100 см = ... м

8 дм = ... см

Ознакомление с действием умножения. Компоненты умножения (с. 40–49)

Работа 44

Вариант I

1. Вычисли суммы и замени сложение умножением. В примерах на умножение подчеркни первый множитель одной чертой, второй множитель – двумя чертами, а произведение обведи в кружок.

$7 + 7 + 7 + 7 + 7 + 7 + 7$

$9 + 9 + 9 + 9 + 9 + 9 + 9 + 9 + 9 + 9$

$5 + 5 + 5 + 5 + 5 + 5 + 5 + 5 + 5$

$4 + 4 + 4 + 4 + 4 + 4$

2. Вычисли произведения, заменяя умножение сложением одинаковых слагаемых.

$6 \cdot 7$	$8 \cdot 2$	$9 \cdot 5$	$8 \cdot 5$	$4 \cdot 10$
$7 \cdot 6$	$2 \cdot 8$	$5 \cdot 9$	$5 \cdot 8$	

3. Закончи запись так, чтобы она получилась верной.

$3 + 3 + 3 + 3 = 3 \cdot \ldots$

$6 + 6 + 6 + 6 + 6 + 6 > 6 \cdot \ldots$

4. Реши задачу.

В одной коробке лежало 3 простых карандаша. Сколько всего карандашей было в 2 таких же коробках?

Вариант II

1. Вычисли суммы и замени сложение умножением. В примерах на умножение подчеркни первый множитель одной чертой, второй множитель – двумя чертами, а произведение обведи в кружок.

$6 + 6 + 6 + 6 + 6 + 6 + 6$

$10 + 10 + 10 + 10 + 10 + 10$

$9 + 9 + 9 + 9 + 9 + 9 + 9$

$2 + 2 + 2 + 2 + 2 + 2 + 2 + 2 + 2$

2. Вычисли произведения, заменяя умножение сложением одинаковых слагаемых.

$3 \cdot 9$	$8 \cdot 5$	$6 \cdot 4$
$9 \cdot 6$	$2 \cdot 7$	$5 \cdot 2$
$9 \cdot 7$	$10 \cdot 2$	$4 \cdot 5$

3. Закончи запись так, чтобы она получилась верной.

$5 + 5 + 5 > 5 \cdot \ldots$

$9 + 9 + 9 + 9 + 9 + 9 + 9 = 9 \cdot \ldots$

4. Реши задачу.

В одном ведре 9 рыбок. Сколько рыбок в 2 таких же вёдрах?

Работа 45

Вариант I

1. Вычисли суммы и замени сложение умножением. В примерах на умножение подчеркни первый множитель одной чертой, второй множитель – двумя чертами, а произведение обведи в кружок.

$4+4+4+4+4+4+4$

$3+3+3+3+3+3+3+3$

$9+9+9+9+9+9$

$4+4+4+4+4+4+4+4+4$

$5+5+5+5+5+5$

2. Сравни выражения, не вычисляя их.

$7+7+7+7+7+7+7+7+7 \dots 7 \cdot 8$

$5+5+5+5+5+5+5+5 \dots 5 \cdot 9$

3. Начерти прямоугольник со сторонами 2 см и 4 см. Найди периметр этого прямоугольника.

4. Реши каждый второй пример, используя решение первого примера.

$4 \cdot 5 = 20$	$6 \cdot 7 = 42$	$10 \cdot 5 = 50$
$4 \cdot 6$	$6 \cdot 8$	$10 \cdot 6$
$2 \cdot 4 = 8$	$5 \cdot 4 = 20$	$7 \cdot 4 = 28$
$2 \cdot 5$	$5 \cdot 5$	$7 \cdot 5$

Вариант II

1. Вычисли суммы и замени сложение умножением. В примерах на умножение подчеркни первый множитель одной чертой, второй множитель – двумя чертами, а произведение обведи в кружок.

$10+10+10+10+10+10+10+10$

$9+9+9+9+9+9+9+9$

$8+8+8+8+8+8+8+8+8$

$4+4+4+4+4+4+4+4+4+4$

$3+3+3+3+3+3$

2. Сравни выражения, не вычисляя их.

$6+6+6+6+6+6+6+6+6 \dots 6\cdot9$

$2+2+2+2+2+2+2 \dots 2\cdot8$

3. Начерти прямоугольник со сторонами 2 см и 5 см. Найди периметр этого прямоугольника.

4. Реши каждый второй пример, используя решение первого примера.

$2\cdot3=6$	$5\cdot3=15$	$7\cdot3=21$
$2\cdot4$	$5\cdot4$	$7\cdot4$
$8\cdot4=32$	$3\cdot3=9$	$9\cdot8=72$
$8\cdot5$	$3\cdot4$	$9\cdot9$

Работа 46

Вариант I

1. Вычисли суммы и замени сложение умножением.

$1 + 1 + 1 + 1$

$1 + 1 + 1 + 1 + 1 + 1 + 1 + 1$

$1 + 1 + 1 + 1 + 1 + 1$

$1 + 1 + 1$

2. Вставь пропущенные числа. Объясни, каким законом ты пользовался. Вычисли и сравни произведения левой и правой сторон, заменяя умножение сложением одинаковых слагаемых.

$4 \cdot 5 = 5 \cdot \ldots$ $2 \cdot 6 = 6 \cdot \ldots$

$6 \cdot 4 = 4 \cdot \ldots$ $5 \cdot 8 = 8 \cdot \ldots$

3. Вычисли произведения и замени умножение сложением.

$1 \cdot 2$ $1 \cdot 5$ $1 \cdot 7$ $1 \cdot 9$

4. Реши задачу.

В одном бидоне 5 л молока. Сколько литров молока в 2 таких же бидонах?

Вариант II

1. Вычисли суммы и замени сложение умножением.

$1 + 1 + 1 + 1 + 1$

$1 + 1 + 1 + 1 + 1 + 1 + 1$

$1 + 1 + 1 + 1 + 1 + 1 + 1 + 1 + 1$

$1 + 1$

2. Вставь пропущенные числа. Объясни, каким законом ты пользовался. Вычисли и сравни произведения левой и правой сторон, заменяя умножение сложением одинаковых слагаемых.

$4 \cdot 2 = 2 \cdot \ldots$ $5 \cdot 3 = 3 \cdot \ldots$

$2 \cdot 8 = 8 \cdot \ldots$ $7 \cdot 2 = 2 \cdot \ldots$

3. Вычисли произведения и замени умножение сложением.

$1 \cdot 3$ $1 \cdot 6$ $1 \cdot 8$ $1 \cdot 10$

4. Реши задачу.

В 1 вазе 8 персиков. Сколько персиков в 2 таких же вазах?

Работа 47

Вариант I

1. Вставь числа, пользуясь переместительным законом умножения. Вычисли и сравни произведения левой и правой сторон, заменяя умножение сложением одинаковых слагаемых.

$7 \cdot 5 = ... \cdot ...$ $6 \cdot 2 = ... \cdot ...$

$4 \cdot 3 = ... \cdot ...$ $6 \cdot 9 = ... \cdot ...$

2. Реши буквенные выражения.

а · 1, где

а = 9, а = 12, а = 5, а = 32, а = 8, а = 96

0 · в, где

в = 6, в = 2, в = 5, в = 3, в = 8, в = 9

3. Запиши произведения чисел и вычисли их, заменяя умножение сложением одинаковых слагаемых.

4 и 3 2 и 6 3 и 5

2 и 9 4 и 2 5 и 3

4. Реши задачу.

В одном составе 4 вагона с углём. Сколько всего вагонов с углём в 7 таких же составах?

Вариант II

1. Вставь числа, пользуясь переместительным законом умножения. Вычисли и сравни произведения левой и правой сторон, заменяя умножение сложением одинаковых слагаемых.

$8 \cdot 5 = \ldots \cdot \ldots$ $6 \cdot 7 = \ldots \cdot \ldots$

$4 \cdot 9 = \ldots \cdot \ldots$ $8 \cdot 9 = \ldots \cdot \ldots$

2. Реши буквенные выражения.

$s \cdot 0$, где

$s = 6$, $s = 2$, $s = 5$, $s = 3$, $s = 8$, $s = 9$

$1 \cdot a$, где

$a = 24$, $a = 7$, $a = 10$, $a = 6$, $a = 17$, $a = 4$

3. Запиши произведения чисел и вычисли их, заменяя умножение сложением одинаковых слагаемых.

2 и 3 2 и 8 3 и 4

3 и 9 3 и 7 2 и 7

4. Реши задачу.

В одной комнате стояло 2 дивана. Сколько диванов стояло в 3 таких же комнатах?

Ознакомление с действием деления. Компоненты деления (с. 50–55)

Работа 48

Вариант I

1. Выполни деление. Составь соответствующие рисунки.

6 : 2	12 : 3	12 : 6

2. Реши примеры. В примерах на деление подчеркни делитель одной чертой, частное – двумя чертами, а делимое обведи в кружок.

4 : 2	14 : 7	8 : 2
6 : 2	9 : 3	12 : 6

3. Напиши к каждому примеру на умножение по 2 примера на деление.

5 · 2	5 · 3	3 · 8
8 · 2	3 · 8	3 · 7
4 · 3	2 · 5	2 · 6

4. Реши задачу.

12 бананов раздали 3 обезьянам поровну. Сколько бананов дали каждой обезьяне?

Вариант II

1. Выполни деление. Составь соответствующие рисунки.

6 : 3 12 : 4 12 : 3

2. Реши примеры. В примерах на деление подчеркни делитель одной чертой, частное – двумя чертами, а делимое обведи в кружок.

8 : 4 6 : 3 14 : 2

18 : 9 16 : 2 10 : 5

3. Напиши к каждому примеру на умножение по два примера на деление.

7 · 3 2 · 5 6 · 3

9 · 2 5 · 3 2 · 8

2 · 7 3 · 4 7 · 3

4. Реши задачу.

На 2 ветках ёлки висело поровну 6 колокольчиков. По сколько колокольчиков висело на каждой ветке ёлки?

Повторение пройденного (с. 56–67)

Работа 49

Вариант I

1. Вычисли суммы и замени сложение умножением. В примерах на умножение подчеркни первый множитель одной чертой, второй множитель – двумя чертами, а произведение обведи в кружок.

$10 + 10 + 10 + 10 + 10 + 10 + 10 + 10$

$4 + 4 + 4 + 4 + 4 + 4 + 4 + 4$

$5 + 5 + 5 + 5 + 5 + 5 + 5 + 5 + 5 + 5$

2. Вставь пропущенное число.

$8 + 8 + 8 + 8 = 8 \cdot ...$

$7 + 7 + ... = 7 \cdot 3$

$4 + 4 + 4 + 4 + 4 + 4 = 4 \cdot ...$

3. Запиши сумму восьми слагаемых, каждое из которых 5. Замени сложение умножением.

4. Реши задачу.

У Володи было 10 попугаев. Он посадил их в 2 клетки поровну. Сколько попугаев в 1 клетке?

Вариант II

1. Вычисли суммы и замени сложение умножением. В примерах на умножение подчеркни первый множитель одной чертой, второй множитель – двумя чертами, а произведение обведи в кружок.

$10 + 10 + 10 + 10 + 10 + 10 + 10$

$6 + 6 + 6 + 6 + 6 + 6$

$3 + 3 + 3 + 3 + 3 + 3 + 3 + 3 + 3$

2. Вставь пропущенное число.

$3 + 3 + 3 + 3 + 3 + \ldots = 3 \cdot 6$

$5 + 5 + 5 + 5 + 5 = 5 \cdot \ldots$

$10 + 10 + 10 + 10 + 10 + 10 + \ldots = 10 \cdot 7$

3. Запиши сумму шести слагаемых, каждое из которых 4. Замени сложение умножением.

4. Реши задачу.

На даче росло в 2 рядах поровну 8 кустов крыжовника. Сколько кустов крыжовника росло в 1 ряду?

Табличное умножение и деление на 2 (с. 68–73)

Работа 50

Вариант I

1. Реши второй пример каждого столбика, используя решение первого примера.

$2 \cdot 2 = 4$	$2 \cdot 9 = 18$	$2 \cdot 5 = 10$
$2 \cdot 3 =$	$2 \cdot 8 =$	$2 \cdot 6 =$

2. Запиши произведения чисел и вычисли их.

2 и 9	2 и 2	2 и 7
2 и 3	2 и 8	2 и 5
2 и 6	2 и 6	2 и 9

3. Реши примеры.

$2 \cdot 6$	$7 \cdot 2$	$6 \cdot 2$
$5 \cdot 2$	$2 \cdot 8$	$2 \cdot 7$

4. Сравни.

$6 \cdot 2 \ldots 2 \cdot 8$	$2 \cdot 7 \ldots 4 \cdot 2$
$7 \cdot 2 \ldots 2 \cdot 9$	$5 \cdot 2 \ldots 2 \cdot 5$

Вариант II

1. Реши второй пример каждого столбика, используя решение первого примера.

$2 \cdot 4 = 8$	$2 \cdot 7 = 14$	$2 \cdot 7 = 14$
$2 \cdot 3 =$	$2 \cdot 8 =$	$2 \cdot 6 =$

2. Запиши произведения чисел и вычисли их.

2 и 2	2 и 9	2 и 3
2 и 8	2 и 4	2 и 7
2 и 5	2 и 6	2 и 9

3. Реши примеры.

$2 \cdot 2$	$2 \cdot 3$	$9 \cdot 2$
$8 \cdot 2$	$2 \cdot 5$	$2 \cdot 4$

4. Сравни.

$5 \cdot 2 \ldots 2 \cdot 8$	$3 \cdot 2 \ldots 2 \cdot 3$
$9 \cdot 2 \ldots 2 \cdot 5$	$2 \cdot 4 \ldots 7 \cdot 2$

Работа 51

Вариант I

1. Реши примеры.

8 : 2	6 : 2	14 : 2
12 : 2	8 : 2	16 : 2

2. Вставь пропущенные числа.

... : 2 = 2	... : 2 = 5	... : 2 = 9
... : 2 = 6	... : 2 = 3	... : 2 = 4
... : 2 = 3	... : 2 = 7	... : 2 = 6

3. Сравни.

6 : 2 ... 14 : 2	12 : 2 ... 8 : 2
18 : 2 ... 16 : 2	14 : 2 ... 10 : 2

4. Реши задачу.

Кроликам дали 16 морковок по 2 морковки каждому. Сколько кроликов получили морковку?

Вариант II

1. Реши примеры.

10 : 2	18 : 2	12 : 2
6 : 2	14 : 2	4 : 2

2. Вставь пропущенные числа.

... : 2 = 8	... : 5 = 2	... : 7 = 2
... : 2 = 9	... : 2 = 6	... : 2 = 3
... : 2 = 4	... : 8 = 2	.. : 9 = 2

3. Сравни.

10 : 2 ... 10 : 5	18 : 2 ... 8 : 4
12 : 2 ... 16 : 8	6 : 2 ... 4 : 2

4. Реши задачу.

В клетках было 12 хомячков по 6 хомячков в каждой клетке. Сколько было клеток с хомячками?

Повторение пройденного (с. 74–75)

Работа 52

Вариант I

1. Реши примеры.

$4 : 2$	$4 \cdot 2$	$10 : 2$
$9 \cdot 2$	$3 \cdot 2$	$18 : 2$
$12 : 2$	$2 \cdot 2$	$6 : 2$
$2 \cdot 3$	$8 : 2$	$6 \cdot 2$

2. Вставь пропущенные числа.

$\ldots : 2 = 3$	$\ldots : 2 = 9$	$2 \cdot \ldots = 8$
$2 \cdot \ldots = 10$	$\ldots : 2 = 6$	$\ldots : 2 = 7$

3. Сравни.

$2 \cdot 6 \ldots 6 \cdot 2$	$7 \cdot 2 \ldots 2 \cdot 5$
$8 : 2 \ldots 16 : 8$	$5 \cdot 2 \ldots 2 \cdot 8$
$7 \cdot 2 \ldots 5 \cdot 2$	$18 : 9 \ldots 16 : 2$

4. Реши примеры.

$3 \cdot 2 \cdot 3$	$4 : 2 \cdot 3$	$6 : 2 \cdot 3$
$8 : 2 : 2$	$16 : 2 : 2$	$18 : 2 \cdot 3$

Вариант II

1. Реши примеры.

$8 \cdot 2$	$6 : 2$	$2 \cdot 5$
$14 : 2$	$2 \cdot 6$	$7 \cdot 2$
$6 \cdot 2$	$12 : 2$	$8 : 2$
$16 : 2$	$5 \cdot 2$	$2 \cdot 8$

2. Вставь пропущенные числа.

$... : 2 = 8$	$... : 2 = 5$	$2 \cdot ... = 16$
$2 \cdot ... = 6$	$... : 2 = 3$	$... : 2 = 4$

3. Сравни.

$3 \cdot 2 \ldots 14 : 2$	$2 \cdot 2 \ldots 8 : 2$
$4 : 2 \ldots 4 \cdot 2$	$10 : 2 \ldots 18 : 2$
$9 \cdot 2 \ldots 3 \cdot 2$	$12 : 2 \ldots 6 : 2$

4. Реши примеры.

$14 : 2 \cdot 3$	$8 : 2 \cdot 3$	$10 : 2 \cdot 3$
$16 : 2 \cdot 3$	$4 \cdot 2 \cdot 3$	$2 \cdot 2 \cdot 3$

Табличное умножение и деление на 3 (с. 76–80)

Работа 53

Вариант I

1. Реши второй пример каждого столбика, используя решение первого примера.

$3 \cdot 3 = 9$	$3 \cdot 9 = 18$	$3 \cdot 5 = 10$
$3 \cdot 4 =$	$3 \cdot 8 =$	$3 \cdot 6 =$

2. Запиши произведения чисел и вычисли их.

3 и 2	9 и 3	3 и 3
3 и 8	3 и 4	7 и 3

3. Реши примеры.

$3 \cdot 5$	$3 \cdot 4$	$3 \cdot 6$
$3 \cdot 8$	$3 \cdot 7$	$4 \cdot 3$
$3 \cdot 3$	$6 \cdot 3$	$9 \cdot 3$
$3 \cdot 8$	$3 \cdot 5$	$3 \cdot 7$

4. Сравни.

$3 \cdot 8 \ldots 5 \cdot 3$	$9 \cdot 3 \ldots 8 \cdot 3$
$3 \cdot 5 \ldots 3 \cdot 4$	$3 \cdot 6 \ldots 3 \cdot 8$

Вариант II

1. Реши второй пример каждого столбика, используя решение первого примера.

$3 \cdot 5 = 15$	$3 \cdot 7 = 14$	$3 \cdot 7 = 14$
$3 \cdot 4 =$	$3 \cdot 8 =$	$3 \cdot 6 =$

2. Запиши произведения чисел и вычисли их.

3 и 5	6 и 3	3 и 9
2 и 3	3 и 8	4 и 3

3. Реши примеры.

$3 \cdot 3$	$2 \cdot 3$	$9 \cdot 3$
$8 \cdot 3$	$3 \cdot 5$	$3 \cdot 4$
$3 \cdot 3$	$3 \cdot 2$	$2 \cdot 3$
$5 \cdot 3$	$9 \cdot 3$	$8 \cdot 3$

4. Сравни.

$3 \cdot 4 \ldots 7 \cdot 3$	$9 \cdot 3 \ldots 3 \cdot 2$
$6 \cdot 3 \ldots 2 \cdot 3$	$7 \cdot 3 \ldots 5 \cdot 3$

Работа 54

Вариант I

1. Реши примеры.

21 : 3	18 : 3	27 : 3
6 : 3	21 : 3	15 : 3
12 : 3	6 : 3	12 : 3
6 : 3	15 : 3	18 : 3

2. Вставь пропущенные числа.

... : 3 = 9	... : 3 = 6	... : 3 = 3
... : 3 = 4	... : 3 = 8	... : 3 = 9
... : 3 = 5	... : 3 = 3	... : 3 = 7

3. Сравни.

3 · 3 ... 15 : 3	3 · 3 ... 18 : 3
27 : 3 ... 3 · 3	12 : 3 ... 18 : 3
9 · 3 ... 3 · 9	12 : 3 ... 6 : 3

4. Реши уравнения.

$8 \cdot x = 24$ $18 : x = 9$ $x : 3 = 15$

Вариант II

1. Реши примеры.

12 : 4	6 : 3	15 : 3
18 : 3	27 : 3	21 : 7
24 : 3	18 : 6	24 : 8
12 : 3	9 : 3	24 : 8

2. Вставь пропущенные числа.

... : 3 = 3	... : 3 = 5	... : 3 = 9
... : 3 = 6	... : 3 = 2	... : 4 = 3
... : 3 = 8	... : 5 = 3	... : 7 = 3

3. Сравни.

3 · 4 ... 5 · 3	8 : 4 ... 18 : 6
8 · 3 ... 6 · 3	6 : 3 ... 15 : 3
3 · 6 ... 6 · 3	7 · 3 ... 3 · 5

4. Реши уравнения.

$8 \cdot x = 16$ $8 : x = 4$ $x : 2 = 10$

Повторение пройденного (с. 81–85)

Работа 55

Вариант I

1. Реши примеры.

$24 : 3$	$4 \cdot 3$	$15 : 3$
$9 \cdot 3$	$3 \cdot 3$	$18 : 3$
$12 : 4$	$7 \cdot 2$	$12 : 2$
$6 \cdot 2$	$3 \cdot 3$	$27 : 3$
$2 \cdot 8$	$15 : 5$	$2 \cdot 7$

2. Реши выражения.

$18 : 2 : 3$	$27 : 3 \cdot 2$	$15 : 3 \cdot 2$
$12 : 2 \cdot 3$	$2 \cdot 3 \cdot 3$	$3 \cdot 3 \cdot 3$

3. Вставь пропущенные числа.

$\ldots \cdot 2 = 16$	$24 : \ldots = 3$	$3 \cdot \ldots = 15$
$21 : \ldots = 3$	$\ldots \cdot 2 = 16$	$\ldots : 2 = 7$

4. Сравни.

$27 : 9 \ldots 24 : 3$	$21 : 7 \ldots 15 : 5$
$7 \cdot 2 \ldots 5 \cdot 2$	$18 : 9 \ldots 16 : 2$
$8 : 4 \ldots 16 : 8$	$5 \cdot 2 \ldots 2 \cdot 8$

Вариант II

1. Реши примеры.

24 : 3	7 · 3	4 · 2
3 · 8	16 : 2	7 · 3
8 · 2	24 : 8	21 : 7
4 · 3	2 · 5	12 : 6
18 : 3	3 · 5	3 · 6

2. Реши выражения.

3 · 3 · 2	4 : 2 · 3	6 : 2 · 3
8 : 2 : 2	16 : 2 : 2	18 : 2 · 3

3. Вставь пропущенные числа.

12 : ... = 4	... · 2 = 18	... : 2 = 8
9 · ... = 27	... : 3 = 7	... · 2 = 12

4. Сравни.

12 : 3 ... 15 : 5	18 : 3 ... 12 :
8 · 2 ... 6 · 2	6 : 3 ... 14 : 2
8 : 3 ... 24 : 8	6 : 3 ... 9 : 3

Работа 56

Вариант I

1. Реши задачу.

В 3 пачках 30 пакетиков овсяной каши. Сколько пакетиков овсяной каши в 1 пачке?

2. Реши примеры.

$3 \cdot 4$	$21 : 3$	$2 \cdot 5$
$18 : 3$	$9 \cdot 3$	$2 \cdot 3$
$10 : 5$	$12 : 3$	$3 \cdot 5$
$24 : 8$	$15 : 3$	$27 : 3$
$6 \cdot 2$	$12 : 6$	$8 : 2$

3. Начерти прямоугольник со сторонами 1 см и 5 см. Найди периметр этого прямоугольника.

4. Начерти ломаную, у которой длина первого звена равна 40 мм, длина второго 20 мм, а длина третьего равна сумме длин первого и второго звеньев.

Вариант II

1. Реши задачу.

   В 2 одинаковых пачках 12 котлет. Сколько котлет в 1 пачке?

2. Реши примеры.

$16 : 2$	$5 \cdot 2$	$2 \cdot 8$
$5 \cdot 2$	$18 : 3$	$7 \cdot 2$
$16 : 2$	$2 \cdot 8$	$10 : 2$
$3 \cdot 2$	$14 : 2$	$2 \cdot 8$
$12 : 3$	$5 \cdot 3$	$6 : 3$

3. Начерти прямоугольник со сторонами 3 см и 2 см. Найди периметр этого прямоугольника.

4. Начерти ломаную, у которой длина первого звена равна 20 мм, длина второго 30 мм, а длина третьего равна сумме длин первого и второго звеньев.

Работа 57

Вариант I

1. Реши задачу.

   Одна линейка стоит 4 р. Сколько стоят 5 таких линеек?

2. Реши примеры.

$8 \cdot 3$	$27 : 3$	$3 \cdot 5$
$16 : 2$	$2 \cdot 8$	$10 : 2$
$3 \cdot 2$	$14 : 2$	$2 \cdot 8$
$2 \cdot 2$	$6 : 2$	$2 \cdot 3$
$5 \cdot 2$	$18 : 2$	$7 \cdot 2$

3. Найди периметр квадрата со стороной 4 см.

4. Начерти ломаную из трёх звеньев: два звена – по 3 см каждое, а третье – 4 см. Узнай общую длину.

Вариант II

1. Реши задачу.

   Один карандаш стоит 8 р. Сколько стоят 7 таких карандашей?

2. Реши примеры.

6 : 3	14 : 2	12 : 3
8 · 2	6 : 3	2 · 5
6 · 2	12 : 6	8 : 2
8 : 2	16 : 2	5 · 2
3 · 9	12 : 2	6 · 3

3. Найди периметр квадрата со стороной 2 см.

4. Начерти ломаную из трёх звеньев: два звена – по 2 см каждое, а третье – 5 см. Узнай общую длину.

Повтори правила

Первое полугодие

Что значит прибавить 1?

(Назвать следующее число.)

Что значит вычесть 1?

(Назвать предыдущее число.)

Как узнать, на сколько одно число больше или меньше другого?

(Надо из большего числа вычесть меньшее.)

Название чисел при сложении?

(1-е слагаемое, 2-е слагаемое, сумма.)

Что происходит с суммой при перестановке слагаемых?

(Сумма не изменяется.)

Самое большое число при сложении?

(Сумма.)

Когда сумма равна одному из слагаемых?

(Когда другое слагаемое равно 0.)

Как найти неизвестное слагаемое?

(Нужно из суммы вычесть известное слагаемое.)

Название чисел при вычитании.

(Уменьшаемое, вычитаемое, разность.)

Самое большое число при вычитании?

(Уменьшаемое.)

Когда уменьшаемое равно разности?

(Когда вычитаемое равно 0.)

Когда разность равна 0?

(Когда уменьшаемое равно вычитаемому.)

Как найти уменьшаемое?

(Надо к разности прибавить вычитаемое.)

Как найти вычитаемое?

(Надо из уменьшаемого вычесть разность.)

Что значит увеличить число на несколько единиц?

(Прибавить.)

Что значит уменьшить число на несколько единиц?

(Вычесть.)

Что произойдёт с суммой, если одно из слагаемых увеличить на 2?

(Сумма увеличится на 2.)

Что произойдёт с суммой, если каждое из слагаемых увеличить на 2?

(Сумма увеличится на 4.)

Что произойдёт с разностью, если уменьшаемое увеличить на 2?

(Разность увеличится на 2.)

Что произойдёт с разностью, если вычитаемое увеличить на 2?

(Разность уменьшится на 2.)

Что произойдёт с разностью, если уменьшаемое уменьшить на 2?

(Разность уменьшится на 2.)

Что произойдёт с разностью, если вычитаемое уменьшить на 2?

(Разность увеличится на 2.)

Второе полугодие

Название чисел при умножении?

(1-й множитель, 2-й множитель, произведение.)

Что происходит с произведением при перестановке множителей?

(Произведение не изменяется.)

Самое большое число в произведении?

(Произведение.)

Название чисел при делении?

(Делимое, делитель, частное.)

Самое большое число в частном?

(Делимое.)

Название чисел при сложении?

(1-е слагаемое, 2-е слагаемое, сумма.)

Что происходит с суммой при перестановке слагаемых?

(Сумма не изменяется.)

Самое большое число при сложении?

(Сумма.)

Когда сумма равна одному из слагаемых?

(Когда другое слагаемое равно 0.)

Как найти неизвестное слагаемое?

(Нужно из суммы вычесть известное слагаемое.)

Название чисел при вычитании.

(Уменьшаемое, вычитаемое, разность.)

Самое большое число при вычитании?

(Уменьшаемое.)

Когда уменьшаемое равно разности?

(Когда вычитаемое равно 0.)

Когда разность равна 0?

(Когда уменьшаемое равно вычитаемому.)

Как найти уменьшаемое?

(Надо к разности прибавить вычитаемое.)

Как найти вычитаемое?

(Надо из уменьшаемого вычесть разность.)

Что значит увеличить число на несколько единиц?

(Прибавить.)

Что значит уменьшить число на несколько единиц?

(Вычесть.)

Что значит прибавить 1?

(Назвать следующее число.)

Что значит вычесть 1?

(Назвать предыдущее число.)

Как узнать, на сколько одно число больше или меньше другого?

(Надо из большего числа вычесть меньшее.)

Что такое квадрат?

(Прямоугольник, у которого все стороны равны.)

Что такое треугольник?

(Геометрическая фигура, в которой 3 угла и 3 стороны.)

Сколько сантиметров в 1 м?

(100)

Сколько дециметров в 1 м?

(10)

Что такое прямоугольник?

(Геометрическая фигура, в которой все углы прямые. Противоположные стороны прямоугольника равны.)

Что такое периметр?

(Сумма длин всех сторон какой-нибудь геометрической фигуры.)

Узорова Ольга Васильевна
Нефедова Елена Алексеевна

Контрольные и проверочные работы по математике

К учебнику М.И. Моро и др. «Математика. В 2-х частях. 2 класс»

2 класс

Редакция «Образовательные проекты»

Ответственный редактор *О.Л. Лисицына*
Младший редактор *А.А. Лисицына*
Технический редактор *А.Л.Шелудченко*
Компьютерная верстка *Э.А. Сандановой*

ООО «Издательство Астрель»
129085, г. Москва, пр-д Ольминского, 3а

ООО «Издательство АСТ»
170002, Россия, г. Тверь, пр-т Чайковского, 27/32

Наши электронные адреса:
www.ast.ru E-mail: astpub@aha.ru

ОАО «Владимирская книжная типография»
600000, г. Владимир, Октябрьский проспект, д. 7
Качество печати соответствует качеству предоставленных диапозитивов